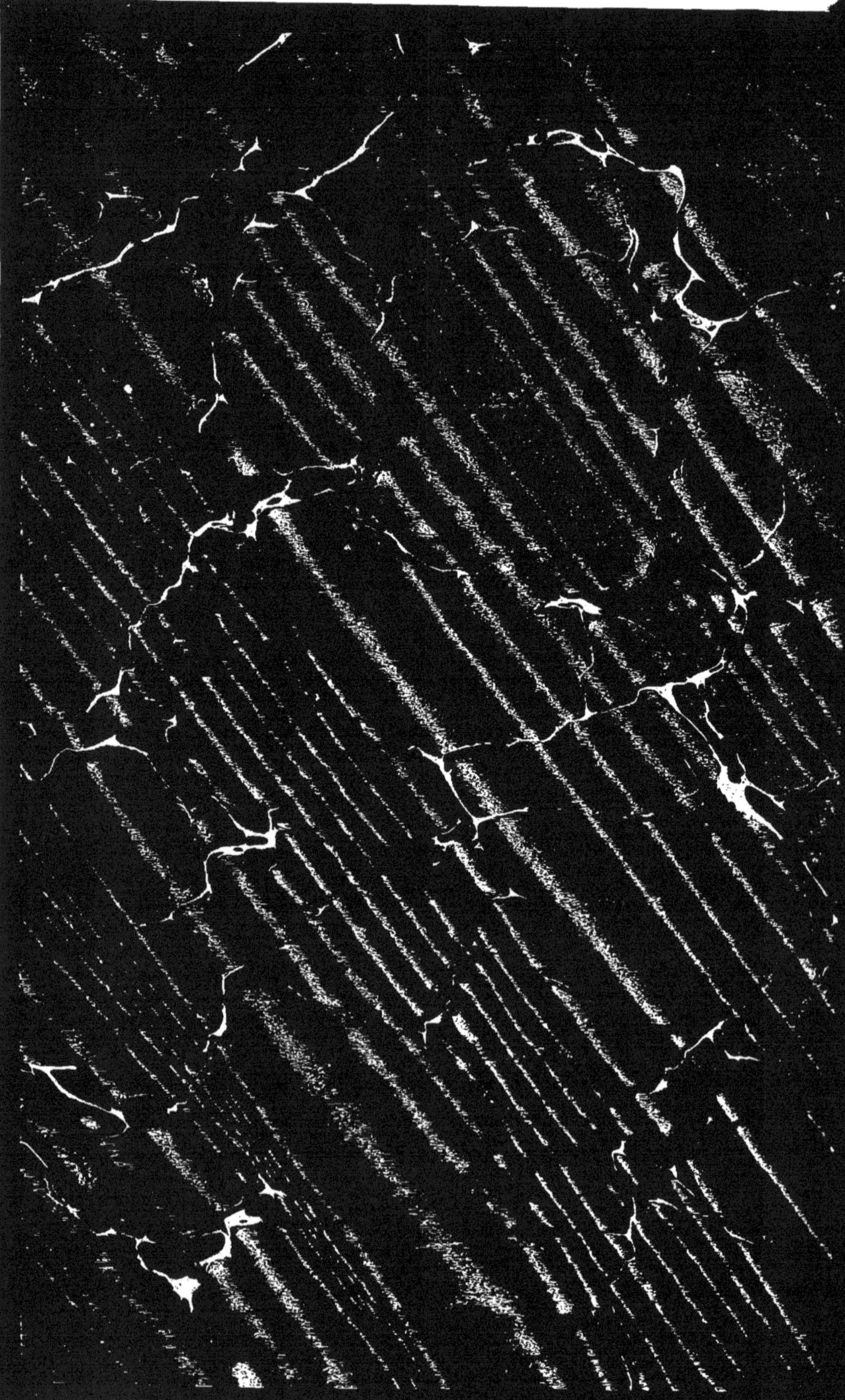

EXPÉRIENCES

SUR LA DIGESTION

DANS L'HOMME,

PRÉSENTÉES A LA PREMIÈRE CLASSE

DE L'INSTITUT DE FRANCE,

Le 8 septembre 1812;

PAR A. JENIN DE MONTEGRE,

Médecin de la Faculté de Paris,

Rédacteur-Général de la Gazette de Santé ;

SUIVIES

DU RAPPORT DES COMMISSAIRES
NOMMÉS PAR L'INSTITUT.

PARIS,

Chez { LE NORMANT, imprimeur-libraire, rue de Seine, n°. 8 ;
Et COLAS fils, lib., rue du Petit-Bourbon, vis-à-vis la rue
Garancière.

1814.

IMPRIMERIE DE LE NORMANT, RUE DE SEINE, N° 8.

EXPÉRIENCES

SUR LA DIGESTION

DANS L'HOMME.

PREMIER MÉMOIRE.

Pour faire les expériences que j'ai l'honneur de soumettre à la classe, j'ai profité de la faculté dont jouissent certaines personnes de rendre à volonté, à toutes les époques de la digestion, ce que contient leur estomac, par une simple contraction volontaire, ne ressemblant en rien aux contractions pénibles et spasmodiques qui constituent le vomissement.

L'estomac, chez l'homme, étant un de ces organes dont les mouvemens sont dans l'état habituel tout-à-fait indépendans de la volonté, on est d'abord tenté de regarder la faculté qui nous rend maîtres de ces mouvemens comme une chose fort extraordinaire. Il est certain cependant que cette faculté existe assez communement: j'ai observé un très-grand nombre de personnes sujettes, après leurs repas, à un retour des alimens dans la bouche, qui finissoit par s'établir régulièrement lorsque ces personnes ne s'y opposoient point dans le principe, et devenoit ainsi une véritable rumination ennuyeuse et dégoûtante. Il est très-commun, surtout, de voir les personnes habituellement sobres rendre ainsi, par une sorte de regorgement, une partie de leurs alimens lorsque par hasard elles en ont pris plus que de coutume.

Au demeurant, cette faculté est commune à une classe nombreuse d'animaux, désignés, par cette raison, sous le nom de ruminans; et la plupart des oiseaux carnassiers rendent habituellement par le bec les parties indigestes des animaux qu'ils ont avalés en entier.

Rien en cela n'est donc absolument contraire à l'action ordinaire des organes des animaux; et l'on ne doit y voir qu'une particularité de cette action, développée par l'exercice ou par des conditions qu'il seroit presque toujours possible de déterminer (1).

---

(1) Il me semble toutefois inutile de m'arrêter aux exemples qu'à des époques où la nature avoit encore été peu observée, on a cités d'hommes qui avoient la faculté de rappeler leurs alimens dans la bouche, et d'exercer ainsi une véritable rumination. Pour donner seulement une idée de l'esprit dans lequel

(5)

Cette faculté de rendre à volonté ce que contient son estomac, avoit été employée par M. Gosse, de Genève, pour déterminer, par la voie de l'expérience, les divers degrés de digestibilité des substances alimentaires; et Sennebier a donné un précis des expériences de M. Gosse, dans la traduction française qu'il a publiée de celles de Spallanzani sur la digestion. Sennebier rapporte que M. Gosse, pour déterminer les contractions de son estomac, étoit obligé d'avaler de l'air, qui, en se dilatant par l'effet de la chaleur, distendoit ce viscère et en excitoit l'action.

Les résultats obtenus par M. Gosse, sur la digestibilité des alimens, rentrent nécessairement dans les particularités des dispositions propres à chaque individu, et ne sont pas sus-

---

se faisoient alors ces observations, il suffira de rappeler que Fabrice d'Aquapendente, célèbre médecin, vivant au milieu du seizième siècle, après avoir décrit un semblable ruminant, ne manque point de rapporter que le père de cet homme portoit une corne au front : de façon, dit l'observateur, que la semence du père ayant une affinité marquée avec les animaux cornus, il n'est point étrange que le fils en ait reçu quelque particularité de cette espèce. Jean Conrad Peyer a réuni tout ce qu'on avoit dit avant lui sur cet objet, dans un petit ouvrage intitulé : *Merycologia, sive de ruminantibus et ruminatione commentarius.* In-4°; *Basileæ* 1685.

ceptibles d'une application rigoureuse à la généralité des hommes ; car la facilité que l'on trouve à digérer certains alimens, dépend si bien de conditions particulières à chacun, que l'aliment qui est digéré sans peine par un individu, paroît tout-à-fait indigeste à l'estomac d'un autre, également bien portant. Cependant ces expériences ont paru généralement fort curieuses, et l'on doit regretter que M. Gosse ne les ait pas encore publiées avec détail.

Le but que je me suis proposé dans mes recherches, étoit tout différent. J'ai voulu d'abord déterminer, 1°. *quelle étoit la nature du suc que l'on appelle gastrique ; en supposant que l'existence de ce suc, aujourd'hui contestée par quelques physiologistes, fût réelle ; 2°. quelle action ce suc pouvoit avoir dans la digestion ; 3°. enfin, quelle étoit l'altération apparente que subissoient les alimens dans la digestion stomacale.*

Il m'est arrivé, dans le cours de ces recherches, ce qui ne peut manquer d'arriver à tous ceux qui peuvent croire qu'ils ont été assez heureux pour reconnoître quelque vérité nouvelle : c'est que les résultats de mes premières expériences m'ont contraint à en faire un grand nombre d'autres pour en constater la certitude ;

qu'après avoir déterminé quels étoient les changemens apparens qu'éprouvent les matières alimentaires, je me trouve engagé à rechercher quelles sont les causes de ces changemens, et à faire pour cela, sur des alimens simples ou dont l'analyse chimique soit bien connue, des expériences pour lesquelles je m'entourerai des connoissances chimiques les plus complètes à l'époque actuelle. Si ce dernier travail m'offroit un jour des résultats satisfaisans, je me ferois également un devoir de le soumettre à la classe.

Pour faire connoître le but auquel je voulois atteindre dans mes recherches, je crois nécessaire d'exposer succinctement ce que l'on connoît de la fonction de la digestion, et quelle est aujourd'hui l'opinion la plus généralement admise sur l'altération qu'éprouvent dans l'estomac les alimens qui y sont introduits.

La digestion est cette fonction par laquelle des substances de nature et de composition très-diverses subissent des modifications qui les rendent propres à être absorbées par nos organes et assimilées à notre propre substance.

Les matières alimentaires éprouvent ces altérations dans le long trajet qu'elles décrivent depuis la bouche jusqu'à la dernière extrémité du conduit intestinal.

Introduites dans la bouche, ces matières y sont brisées par les dents, ramollies, pénétrées de salive et réduites en une pâte plus ou moins liquide avant d'être reçues dans l'estomac.

Il est très-digne de remarque que ces premiers actes de la digestion, seuls, soient soumis à notre volonté, et qu'aussitôt que les alimens ont dépassé la bouche, ils se trouvent abandonnés à une action vitale, étrangère à notre intelligence, et des actes de laquelle nous n'avons aucune perception; il est même un grand nombre d'animaux chez lesquels l'opération de la mastication est indépendante de la volonté, et se trouve effectuée par un organe intérieur disposé à cet usage. Telles sont les nombreuses familles des oiseaux à estomac musculeux.

En jetant un coup d'œil sur la généralité des animaux, il n'est peut-être pas moins intéressant de voir quelle diversité de moyens sont employés pour effectuer la mastication.

Chez l'homme et les espèces les plus rapprochées de la sienne, cette fonction s'exécute dans la bouche la première fois que les alimens y sont introduits; dans les animaux ruminans,

les alimens une première fois avalés, sont ma-
cérés dans l'estomac, puis rapportés dans la
bouche pour y être complètement broyés.
Chez d'autres, comme je viens de le dire, la
mastication ou du moins une trituration analogue
s'exécute dans l'intérieur du corps; il en est enfin
chez lesquels cette préparation est suppléée par
l'action très-vive d'un suc particulier, ainsi que
cela doit arriver pour les reptiles venimeux,
dont le poison agit nécessairement sur la chair
des animaux qui leur servent de nourriture.

Ces considérations que je ne dois ici que
faire entrevoir, offrent un point de vue particulier, sous lequel on peut envisager et rap-
procher les différentes classes d'animaux, et
peuvent en quelque sorte servir à déterminer
de quelle importance peut être telle ou telle
fonction, pour l'entretien de la vie considérée
en général.

Quoi qu'il en soit, toutes les autres opéra-
tions par lesquelles s'exécute la digestion, sont
hors du domaine de notre volonté jusqu'au
moment de l'expulsion des matières qui y ont
été soumises; encore, l'acte au moyen duquel
on se débarrasse de leur résidu, est-il en partie
volontaire et involontaire, de façon qu'il n'est
possible aux animaux de le maîtriser que jus-

qu'à un certain point, passé lequel cet acte s'exécute indépendamment de leur volonté.

Une autre particularité fort importante parmi celles qui nous sont connues dans l'action des organes de la digestion, c'est que dans le long trajet que les alimens ont à parcourir, il existe d'intervalle en intervalle des points de reconnoissance où ces matières doivent subir une sorte d'examen avant que le passage leur soit permis, et dans lesquels elles rencontrent quelquefois des obstacles insurmontables.

Les sens du goût et de l'odorat, placés au premier abord des alimens, avertissent avant tout l'animal du choix qu'il doit en faire; et rarement les indices qu'ils lui fournissent sont trompeurs. Mais ici les déterminations de l'animal sont encore à peu près libres; an lieu que, dans les autres points, l'action qui admet ou repousse les matières est tout-à-fait involontaire.

Le premier de ces points d'examen se trouve dans la réunion de toutes les parties qui forment l'arrière-bouche, parmi lesquelles on distingue la *luette*, petit appendice situé au milieu du voile du palais, suspendu sur la route des alimens, et par conséquent, en contact avec eux dans leur passage; puis l'*épiglotte*, cartilage qui semble défendre l'ouverture de la glotte, et former une sorte de bascule sur laquelle les alimens doivent franchir cette ouverture.

Lorsque le bol alimentaire est présenté au gosier sans avoir reçu dans la bouche les préparations nécessaires, ou lorsqu'il possède des propriétés irritantes, dépendantes soit de son volume, soit de la nature des matières qui le composent, les parties que je viens de nommer, et toutes celles qui forment l'arrière-bouche, se révoltent, et entrent en une convulsion spasmodique, dont l'effet est d'interdire le passage aux substances que l'on s'efforceroit alors en vain d'avaler. L'estomac même partage cet état de spasme, et le vomissement est sollicité par les efforts que l'on fait pour surmonter ces obstacles.

On trouve un exemple de ceci dans les difficultés que l'on éprouve communément à avaler des bols sans les mâcher ; et d'ailleurs, tout le monde sait qu'il suffit de porter le doigt dans l'arrière-bouche pour exciter le vomissement.

Les alimens étant arrivés dans l'estomac ne sont point encore pour cela admis à traverser tout le conduit alimentaire. La seconde ouverture de l'estomac, que les anciens avoient, pour cette raison, nommée *pylore*, mot qui signifie *portier*, est garnie d'un repli musculeux et membraneux, pouvant par ses contractions fermer plus ou moins exactement la communication entre l'estomac et les intestins , et n'admettant en général au passage que les matières non nuisibles, et qui ont subi dans l'estomac l'altération première qui en prépare la digestion complète.

Parmi les matières qui séjournent dans l'estomac, il se fait évidemment un choix relatif à leur digestibilité; et dans mes expériences, j'ai eu plus d'une fois l'occasion de constater ce fait, déjà reconnu par le grand Haller, savoir : que les alimens ne franchissent pas le pylore suivant l'ordre de leur introduction dans l'estomac, mais bien suivant un autre ordre qui paroît être celui de leur digestibilité (1). Les matières étrangères font en général un long séjour dans l'estomac, et quand elles ne déterminent pas le vomissement, le pylore ne leur livre passage qu'après avoir été habitué à leur présence par des contacts très-fréquemment

______

(1) J'ai vu plusieurs fois des matières indigestes , et notamment des fragmens de noix vertes , être encore dans l'estomac plusieurs jours après avoir été avalées.

répétés. Dans tous les autres cas, c'est par un soulèvement violent que l'estomac se débarrasse des matières étrangères qu'il contient.

Il existe encore, à la communication de l'intestin grêle avec le gros intestin, une valvule en quelque sorte comparable à la précédente ; on la nomme valvule de *Bauhin*, du nom de celui qui l'a fait connoître aux anatomistes modernes. Bien qu'elle paroisse destinée surtout à prévenir le retour des matières, du gros intestin dans l'intestin grêle, elle doit aussi dans son état de contraction, diminuer la facilité des communications naturelles entre ces deux parties du tube intestinal. Cependant, comme les matières sont à peu près épuisées de portions nutritives au moment où elles arrivent à cette portion du canal alimentaire, et qu'elles ne forment presque plus qu'un résidu, destiné à être expulsé au dehors, le principal avantage qui résulte des fonctions de la valvule de Bauhin, est d'empêcher le retour de ces matières.

On conçoit sans peine quelle utilité doit résulter de cette disposition d'obstacles, répétés d'intervalle en intervalle, quand on se représente les faits nombreux qui prouvent que la sensibilité des diverses parties du corps varie d'un point à l'autre, et que des substances qui

peuvent impunément séjourner dans quelque
partie de nos organes, causent une irritation
très-vive lorsqu'elles sont transportées brusque-
ment dans une autre partie, dont la stucture
paroît cependant être la même. C'est ainsi que
des matières qui ne causoient dans l'estomac
aucune sensation dont on pût se rendre compte,
irritent violemment et brûlent en quelque sorte
la gorge, lorsqu'elles sont rejetées par le vomissement ; c'est encore ainsi que des matières dont
l'action sensible étoit nulle dans les intestins,
produisent quelquefois des douleurs vives et
cuisantes à l'extrémité de ce conduit, lorsque
leur sortie prématurée est déterminée par une
cause quelconque.

Du moment que les alimens, ayant franchi
l'arrière-bouche, ont été soustraits à l'empire
de la volonté, jusqu'à celui de l'expulsion de
leur résidu, tout ce qu'ils éprouvent dans leurs
altérations successives et dans leur transfor-
mation en nos propres parties, est couvert d'une
grande obscurité ; les diverses tentatives que l'on
a faites pour en rendre compte, sont en général
fort peu satisfaisantes ; les plus plausibles ne
s'accordent point entièrement avec les notions
actuelles de physiologie et de chimie.

On sait seulement, à n'en pouvoir douter,

qu'après un séjour plus ou moins prolongé dans l'estomac, les matières passent dans les intestins où elles sont mélangées à la bile et au suc pancréatique, et qu'elles ne sont rejetées au dehors qu'après un temps assez long, étant d'ailleurs complètement dénaturées.

Ce sont les altérations que les alimens éprouvent dans l'estomac, ainsi que le mode d'action de cet organe sur ces matières, que les circonstances m'ont permis d'étudier, et c'est principalement vers ces objets qu'ont été tournées mes recherches.

A chaque époque de l'étude des sciences, on a donné des premiers phénomènes de la digestion une explication différente, empruntée en général de la science qui étoit alors cultivée avec le plus d'éclat.

Toutes ces théories peuvent néanmoins se réduire, à celles, de la putréfaction, fermentation ou coction ; de la trituration ; de la dissolution chimique ; et à celles dans lesquelles on a mélangé ces trois ordres de phénomènes.

Des expériences très-curieuses commencées par l'illustre Réaumur, poursuivies et fort étendues par l'ingénieux Spallanzani, semblent toutefois avoir aujourd'hui réuni la plupart des esprits ; et l'on pense assez généralement maintenant, d'après ces expériences devenues si célèbres, que les matières alimentaires mises en contact avec un suc gastrique d'une nature particulière et d'une force dissolvante prodigieuse, sont entièrement dissoutes dans ce fluide, puis absorbées à l'intérieur, soit avant, soit après leur mélange avec les sucs pancréatique et biliaire.

Les théories, fondées sur la putréfaction et sur la trituration, n'ont pu se soutenir dans l'examen attentif qu'on est aujourd'hui habitué à faire de tout ce qui se présente à nous. Il a suffi d'ouvrir un animal pendant sa digestion, pour reconnoître que les alimens qu'il avoit pris, ne devenoient point putrides; il a suffi encore de mettre la main dans l'estomac de ce même animal, pour constater que cet organe n'étoit point propre à exercer une trituration mécanique, et que, bien loin que la force musculaire pût en être trouvée équivalente à plusieurs milliers de livres, comme avoit cru le démontrer un médecin algébriste, cette force n'alloit pas au-delà de quelques onces (1).

Reste donc la théorie chimique, à laquelle

---

(1) Bien entendu qu'il ne s'agit pas ici des oiseaux à estomac charnu, chez lesquels la trituration remplace la mastication.

celle de Réaumur et Spallanzani vient se rallier.

Cette théorie, dans l'état où elle résulte de ces fameuses recherches, est fondée sur l'existence d'un suc gastrique; fluide d'une nature particulière ; espèce d'agent miraculeux, n'ayant aucune propriété ni acide ni alcaline, et n'en étant pas moins un dissolvant universel, tellement actif, qu'on n'a pas hésité à admettre comme certains, des faits qui tendroient à prouver que c'étoit à l'action de ce suc s'exerçant, aussitôt après la mort, sur les membranes de l'estomac, que l'on devoit attribuer des perforations qu'on a quelquefois trouvées à ce viscère. Le célèbre anatomiste John Hunter a fait de ces perforations le sujet d'un Mémoire inséré dans les Transactions philosophiques, année 1776.

Vallisnieri va plus loin encore, car il attribue à ce suc l'altération d'une lame de verre, percée d'une multitude de petits trous, qu'il avoit trouvée dans l'estomac d'une autruche.

Le suc gastrique, suivant Spallanzani, non-seulement ne se putréfie pas hors du corps de l'animal, quoiqu'il soit abandonné à une chaleur tempérée, mais il a de plus la propriété d'empêcher les chairs animales de se putréfier

2

à une température basse; et ce qu'il y a de plus étrange, c'est que lorsque la chaleur approche de celle du corps humain, il dissout ces viandes, et les réduit en une bouillie homogène que l'on a comparée au chyle des animaux.

En rapprochant de ces faits le caractère particulier attribué au suc gastrique, de n'être ni acide ni alcalin, l'existence d'un tel fluide n'est-elle pas une des choses les plus extraordinaires à l'époque actuelle de la science, et les plus dignes d'être constatées par un grand nombre de recherches.

Comment se fait-il, doit-on se dire, que ce suc agisse également sur les matières végétales et sur les matières animales, quelle que soit leur quantité? Comment ces étranges propriétés ne sont-elles point affoiblies par le mélange des boissons diverses que nous prenons à nos repas, lesquelles doivent presque toujours surpasser de beaucoup en quantité le suc gastrique existant dans l'estomac?

Ces difficultés et une foule d'autres que l'on pourroit élever, étoient bien propres, sans doute, à inspirer de violens soupçons contre cette théorie; j'avouerai cependant que semblable à tous ceux qui l'adoptent de confiance,

je n'ai songé à me les proposer, que lorsque des expériences nombreuses sont venues m'apprendre
ce qu'il en falloit croire. Jusque là, une pro-
fonde vénération à laquelle je m'étois habitué
pour les noms célèbres sur l'autorité desquels
tout ce système est établi, m'avoit empêché
d'y réfléchir. On verra par la suite si j'ai pu
conserver jusqu'à la fin cette manière de
penser.

Cependant l'examen de toutes les questions
dont je viens de parler, entroit nécessairement
dans l'étude que j'avois l'intention de faire des
phénomènes de la digestion , de façon que je
n'ai point manqué d'objets propres à exciter
ma curiosité et à soutenir mon courage.

Comme les faits ne se sont point présentés
à moi dans l'ordre le plus convenable pour
en faire connoître la liaison, que souvent
l'explication d'une difficulté ne se trouvoit
que dans un fait postérieur, ou même ne pouvoit se tirer que du rapprochement de plusieurs autres entre eux , je présenterai mes expériences bien moins dans l'ordre suivant lequel je les ai tentées , que dans celui que leur
assigne la nature des faits qui s'y trouvent
établis.

EXPÉRIENCES SUR L'EXISTENCE ET LA NATURE DU SUC GASTRIQUE.

J'AVOIS plusieurs fois remarqué qu'étant parfaitement à jeun, je pouvois retirer de mon estomac un liquide d'une nature particulière, qui devoit être le suc gastrique, et c'étoit les propriétés différentes qu'il m'avoit paru présenter à diverses époques, que je voulois d'abord étudier.

PREMIÈRE EXPÉRIENCE.

LE matin, et parfaitement à jeun, j'ai rendu deux ou trois gorgées de suc gastrique : c'étoit un liquide écumeux, très-peu filant, un peu trouble, tenant en suspension quelques flocons muqueux, faciles à reconnoître pour des portions du mucus que sécrètent continuellement les membranes dont les fosses nasales et tout le conduit alimentaire sont tapissés. Ce liquide avoit une saveur acide, nette et point désagréable, sensible surtout à la gorge, n'agaçant pas les dents, mais agissant cependant sur elles au point de les rendre raboteuses et d'empêcher celles des deux mâchoires de glisser les unes sur les autres : il rougissoit bien le sirop de violettes, la teinture de tournesol, et surtout le papier coloré en bleu par cette teinture.

Ayant pris alors un morceau de chair maigre de bœuf, grillée, je l'ai divisé en trois parties : la première, ayant été bien mâchée, a été mise dans un tube de verre, avec du suc gastrique et de la salive ; ce que j'ai fait pour imiter en tout point ce qui arrive dans la digestion ordinaire.

Dans un second tube, a été mise, avec de la salive seulement, la deuxième portion de la viande également mâchée.

Dans un dernier tube, enfin, j'ai introduit, avec de l'eau pure, la troisième portion de la viande, non mâchée ni imprégnée de salive, mais seulement hachée le plus menu qu'il a été possible.

Les trois tubes, bien bouchés et numérotés, ont été placés sous mes aisselles, en dedans d'un gilet de laine, et c'est à cette chaleur très-approchante de celle du corps, qu'ont été faites toutes les expériences dont j'ai à rendre compte.

Après douze heures de séjour, le premier et le second tube répandoient une horrible odeur de viande pourrie, sans aucune différence sensible entre l'un et l'autre. Le n°. 3 exhaloit aussi une odeur putride, mais beaucoup moins forte que celle des deux premiers ; la chair de ceux-ci n'avoit point perdu le peu de consistauce que lui avoit laissé la mastication; et celle de l'un des deux tubes ne paroissoit en rien différer de celle de l'autre. La putréfaction étoit évidemment beaucoup moins avancée dans le troisième tube, où la viande n'avoit été mêlée qu'à de l'eau, et l'on y reconnoissoit encore l'odeur de viande grillée.

IIe EXPÉRIENCE.

LE matin, à jeun, n'ayant pas encore d'appétit, après m'être assuré que ma salive n'avoit aucune action sensible sur le papier bleu de tournesol et sur le papier rouge de curcuma, j'ai fait sortir de mon estomac un demi-verre au moins de suc gastrique, et, à mon grand étonnement, quoique j'aie cherché à extraire tout celui que contenoit mon estomac, je ne l'ai trouvé nullement acide : la saveur en étoit seulement un peu salée ; il n'a point rougi le papier bleu comme faisoit celui de la veille : la potasse dissoute, non plus que les acides sulfurique et nitrique, n'y ont produit aucun effet apparent.

Voulant savoir quels changemens éprouveroit cette liqueur, j'en ai mis une portion pure dans un tube n°. 1 ; et pour servir de comparaison, j'ai mis de la salive également

pure dans un second tube; je les ai placés tous
les deux sous mes aisselles, avec un troisième
tube plein de ce suc gastrique, dans lequel
j'avois mis de la mie de pain blanc non mâchée.

Je dois remarquer que, toutes ces dispositions étant finies, j'ai mangé copieusement, et
sans être plus incommodé de la digestion que
la veille où le suc gastrique rendu étoit acide.

Après douze heures de séjour sous mes aisselles, les tubes 1 et 2, pleins, l'un de suc
gastrique pur, et l'autre de salive pure, avoient
acquis une fétidité extrême et semblable l'une
à l'autre; les deux liquides avoient déposé de
petits flocons blancs, et s'étoient éclaircis : ils
n'étoient plus filans, et couloient à peu près
comme de l'eau; ni l'un ni l'autre ne rougissoient sensiblement le papier bleu.

Le troisième tube, où étoit le suc gastrique
avec du pain, avoit pris une odeur aigre nullement désagréable. Le pain étoit réduit en
bouillie grumeleuse; la liqueur rougissoit fortement le papier bleu.

Etoit-ce le pain qui, en déterminant la fermentation acide, avoit empêché le passage à
l'état putride, du suc contenu dans ce tube?
Pour m'en assurer, je fis aussitôt l'expérience
suivante :

IIIᵉ EXPÉRIENCE.

Je plaçai, sous mon aisselle, un tube plein de salive, avec du pain non mâché.

Cette salive du soir, mêlée au pain, n'avoit aucune mauvaise odeur douze heures après ; elle en exhaloit seulement une acide, et rougissoit fortement la teinture de tournesol.

Comme il faut moins de temps à la salive pure, exposée à une telle chaleur, pour devenir fétide, il étoit évident que c'étoit le pain qui l'avoit préservée de la putréfaction, en la faisant passer à l'aigre, en sorte que la conservation du pain, dans l'expérience précédente, ne pouvoit point être attribuée au suc gastrique ; mais, au contraire, que le pain avoit conservé la portion de ce suc dans laquelle j'en avois mis, tout le reste s'étant corrompu.

Je répétai, le lendemain, cette expérience avec de la salive du matin, dans laquelle je mis de la mie de pain blanc : les résultats furent les mêmes, c'est-à-dire, que la salive aigrit et ne prit point d'odeur fétide durant un très-long intervalle de temps.

IVe EXPÉRIENCE.

JE mis, dans un tube n°. 1 , du suc gas-trique pur, avec de la viande écrasée et réduite en pulpe : cette viande étoit un morceau de la partie charnue d'une côtelette de mouton.

Dans un autre tube, n°. 2, je mis du même suc gastrique pur.

Le suc employé dans ces deux expériences ne m'avoit pas paru sensiblement acide, et n'avoit pas d'action marquée sur le papier bleu de tournesol.

Douze heures après, l'odeur fétide, déjà développée dans les deux tubes, étoit moins intense qu'elle ne l'avoit été dans les premières expériences après un pareil laps de temps; mais ce retard dépendoit de ce que mes der-niers tubes, ayant été retirés de dessous mes aisselles, étoient restés exposés environ deux heures à un froid assez vif, ce qui avoit dû ralentir la putréfaction; en effet quelques heures plus tard l'odeur de viande corrompue étoit extrêmement forte dans le tube n°. 1. La viande n'y étoit cependant point désorganisée, et quoiqu'elle eût été écrasée avant d'être introduite dans le tube, on en voyoit encore des fragmens entiers et bien conservés.

Le tube n°. 2, plein de suc gastrique pur, laissoit échapper aussi une odeur infecte, absolument semblable à celle que répandoit dans les expériences précédentes, la salive putréfiée, et d'ailleurs tout-à-fait comparable à celle qu'exhalent les personnes qui ont la bouche et les dents très-sales.

Ve EXPÉRIENCE.

M'ÉTANT trouvé le matin à mon réveil la bouche amère, bien que cet état se soit assez promptement dissipé, et que l'appétit se soit manifesté, les dernières gorgées de suc gastrique que j'ai rendues, étoient évidemment amères, et m'ont paru jaunes, ce qui, je crois, devoit être attribué à de la bile qui aura reflué dans l'estomac : ce suc gastrique n'en avoit pas moins une saveur acide qui a fini par faire disparoître l'amertume. Il ne verdissoit pas le sirop de violettes, mais le rougissoit, aussi bien que le papier bleu de tournesol. J'ai placé sous mes aisselles un tube n°. 1, contenant de ce suc gastrique pur, avec un morceau maigre de viande de veau, cuite au jus : un second, n°. 2, contenant un mélange de suc gastrique et de pain : un autre, n°. 3, dans lequel j'avois mis pour comparaison de la salive avec de la mie de pain : enfin un dernier, n°. 4, contenant de la même viande de veau avec de la salive.

Douze heures environ après, les tubes 1 et 4, contenant l'un du suc gastrique avec de la viande, l'autre de la salive avec de la viande, exhaloient une odeur infecte, laquelle, au bout de vingt-quatre heures, est devenue réellement insupportable. Comme j'avois mis la viande en un seul morceau, elle paroissoit entière, et il ne s'en détachoit rien.

Les deux autres tubes, qui contenoient l'un du suc gastrique, l'autre de la salive avec de la mie de pain, n'avoient qu'une odeur aigre nullement fétide.

Au bout de trois jours la putréfaction avoit fait de tels progrès, que dans le tube, n°. 1, le dégagement des gaz s'est fait pendant la nuit entre le tube et le bouchon, de telle sorte que j'ai été réveillé par l'odeur, qui m'a contraint à changer tout ce qui m'entouroit, et à cesser de porter sur moi les deux tubes 1 et 4. Cependant, à cette époque, la viande ne se *défaisoit* pas encore, pour me servir de l'expression de Spallanzani ; c'est-à-dire qu'elle n'offroit aucune altération apparente à la vue : seulement la liqueur étoit trouble.

Les deux autres tubes, qui ne contenoient que du suc gastrique, ou de la salive avec de la mie de pain, n'exhaloient qu'une odeur aigre sans fétidité. Ils rougissoient fortement le papier bleu.

VIe EXPÉRIENCE.

LE matin à jeun, voulant constater si le suc gastrique étoit toujours acide, et le comparer sous ce rapport à la salive, j'ai d'abord mis dans un verre de ma salive : elle ne rougissoit point le papier bleu ; et je dois dire ici que jamais je ne l'ai trouvée ni acide, ni alcaline, quoique j'aie vu des personnes chez lesquelles elle rougissoit quelquefois sensiblement le papier bleu.

J'ai ensuite cherché à rendre du suc gastrique. Je n'y suis parvenu qu'avec des efforts assez grands. La première gorgée, très-petite, n'avoit aucun goût, et m'a paru n'être que de la salive très-récemment avalée. Deux autres assez foibles gorgées que j'en ai rendues ensuite étoient acides au goût, et rougissoient bien le papier bleu.

Pour reconnoître alors si l'acidité étoit un état dépendant de la digestion (ce que je commençois à soupçonner), j'ai avalé un demi-gros de magnésie caustique ou décarbonatée, délayée dans un demi-verre d'eau. Cette quantité, dont j'ai cherché une mesure approximative qui pût en donner une idée en en parlant, équivaut à un peu plus de quatre fois ce que l'on peut en faire tenir sur une pièce de cinq francs. Elle étoit d'ailleurs plus que suffisante pour absorber tous les acides qui pouvoient se trouver dans mon estomac.

Un quart-d'heure après, ayant rendu une gorgée de cette boisson, je l'ai trouvée excessivement amère, soit que cela tînt à l'amertume naturelle du sel formé par la combinaison de la magnésie avec les acides existant dans mon estomac, soit que la cause en dût être attribuée à de la bile qui auroit pénétré dans ce viscère, lorsque j'avois fait effort pour rendre le peu de suc gastrique qui s'y trouvoit. Quoi qu'il en soit, n'ayant l'estomac nullement dérangé, j'ai mangé environ trois quarts - d'heure après avoir pris de la magnésie. J'ai fait mon repas seulement avec la viande d'un gigot de mouton froid sans pain, pour ne rien fournir à mon estomac qui pût former quelqu'aigreur, et je n'ai bu par-dessus qu'un verre d'eau pure.

Environ une demi-heure après, la viande rendue n'a donné à la gorge ni dans la bouche, aucune saveur acide; elle avoit conservé son goût primitif, paroissoit un peu macérée, mais n'avoit pas subi d'altération appréciable; elle étoit ferme, et ne s'écrasoit point sous le doigt; elle ne rougissoit pas sensiblement le papier bleu; la liqueur qui la baignoit étoit sans couleur, et s'en séparoit facilement.

Environ une heure plus tard, la viande rendue étoit évidemment en partie digérée; la liqueur qui la contenoit commençoit à former avec elle un tout homogène, c'est-à-dire étoit épaissie par une bouillie de chair devenue fluide; le tout étoit acide au goût, rougissoit bien le papier bleu, et très-fortement la teinture de tournesol.

Deux heures et demie ou trois heures après le repas, la bouillie rendue étoit entièrement homogène; toute la viande paroissoit dissoute; il ne restoit avec leur forme que les parties cellulaires presque dégarnies de chair, au milieu desquelles les vaisseaux et de petits fragmens de graisse se conservoient intacts. Le tout avoit une saveur extrêmement aigre, et rougissoit fortement la teinture de tournesol et le papier bleu.

VIIᵉ EXPÉRIENCE.

J'AI voulu aller plus loin encore que je n'avois été dans l'expérience précédente.

Le matin, à jeun, j'ai rendu un peu de suc gastrique qui s'est trouvé acide, rougissant peu fortement le papier bleu.

J'ai avalé, comme la veille, un demi-gros de magnésie caustique, délayée dans un demi-verre d'eau.

Une demi-heure ou trois-quarts d'heure après, j'ai rendu une gorgée de ce liquide, et ne l'ai pas trouvé amer comme la veille; toutefois il ne rougissoit pas sensiblement le papier bleu.

J'ai alors mangé sans pain une large tranche de bœuf grillée (*beefteck*), arrosée avec un peu de beurre fondu. J'ai regretté même qu'on y eût ajouté cet assaisonnement. Quoi qu'il en soit, je n'en ai pas mangé un seul morceau sans l'avoir préalablement roulé dans la magnésie, dont j'ai consommé ainsi un second demi-gros. Par-dessus ce singulier repas j'ai avalé un verre d'eau pure.

Je dois observer que lorsque j'ai mangé, je n'avois pas précisément de l'appétit, mais que je mangeois sans répugnance, et même avec

plaisir, ce qui est l'état où je me trouve communément dès l'instant de mon réveil lorsque
je suis en bonne santé. Il m'a semblé encore
que le sentiment d'appétit que j'avois avant
d'avaler la magnésie étoit un peu diminué ;
mais ces sensations, lorsqu'elles sont foibles,
se distinguent par des nuances si légères que
les différences m'en sont suspectes à moi-même :
au demeurant, j'avois si peu de répugnance à
manger, qu'à l'aspect des alimens, la salive
a flué abondamment dans ma bouche, comme
cela arrive lorsque l'appétit est bien prononcé.

Une heure après avoir mangé, la viande
rendue paroissoit seulement macérée, et le
suc qui la baignoit n'avoit encore que la couleur de la salive ; on y voyoit cependant déjà
quelques brins de chair détachés et atténués,
mais rien n'étoit encore pulpeux ; le liquide
rougissoit très-foiblement le papier bleu, et
n'avoit aucun autre goût que celui de la viande.

Deux heures et demie après avoir mangé,
toute la partie charnue de la viande étoit digérée et réduite en bouillie rougeâtre ; il ne
restoit de consistant, ainsi que je l'ai trouvé
dans toutes les expériences que j'ai faites avant
que la digestion fût achevée, que le réseau
celluleux dans lequel les fibres musculaires

étoient primitivement enchâssées. Cette partie celluleuse en étoit alors tout-à-fait séparée, et sans avoir rien perdu de sa forme, avoit une apparence demi-cartilagineuse, et beaucoup de consistance; il m'a paru que c'étoit ce réseau celluleux, espèce de canevas dans lequel se trouve logée la fibre musculaire, qui, par sa consistance plus ou moins grande, rendoit la viande ou tendre ou coriace; de façon que si l'on pouvoit en isoler la fibre musculaire pure, comme cela se fait naturellement dans l'estomac, on composeroit un aliment fort nourrissant et de très-facile digestion. Toutefois, au bout d'un temps plus ou moins long, ce qui est proportionné à la ténacité des viandes ingérées, ce réseau, ou moule celluleux des muscles finit par être digéré lui-même, et se réduire en un mucilage qui disparoît enfin entièrement.

Toute la bouillie dont il s'agit ici, étoit fortement aigre à la gorge et dans la bouche ; elle rougissoit subitement le papier bleu.

Pour tirer de ces deux dernières expériences tout le parti possible, j'ai voulu constater quelles altérations subiroient, en les abandonnant à elles-mêmes, les matières qui, après avoir éprouvé l'action de l'estomac, avoient été rendues à différentes époques de la digestion.

Ces matières ont été conservées isolément dans des vases de porcelaine, exposés à l'air dans un appartement, dont la température étoit assez constamment de 10° à 12° centigrades.

Les premières rendues, c'est-à-dire celles qui avoient séjourné moins d'une heure dans l'estomac, et n'étoient pas sensiblement acides, se sont trouvées putréfiées et infectes au bout de trois jours, tandis que celles qui avoient fait un long séjour dans ce viscère et paroissoient en grande partie digérées, n'ont commencé à exhaler une odeur désagréable, qu'au bout de huit à neuf jours. A cette époque encore elles rougissoient fortement le papier bleu.

Une petite portion des matières dont la digestion étoit la plus avancée, s'est conservée dans un tube de verre, sous mon aisselle, pendant plus d'un mois, et même après trois et quatre fois ce temps, n'a jamais eu qu'une odeur approchant de celle du suif, mais ne ressemblant en rien à celle de la viande corrompue.

VIIIᵉ EXPÉRIENCE.

Dans la vue de reconnoître si l'acidité du suc gastrique ne produisoit pas par son action sur l'estomac, une partie au moins de la sensation que l'on désigne sous le nom d'appétit, j'ai tenté l'expérience suivante.

Ayant enduré la faim durant plusieurs heures, j'ai fait effort pour rendre du suc gastrique, lequel s'est trouvé très-acide à la gorge; il m'a semblé suivre jusques dans l'estomac une sensation analogue à celle que j'avois éprouvée dans la gorge par l'action du suc rendu.

J'ai avalé alors un demi-gros de magnésie caustique, pour essayer si la sensation de la faim seroit apaisée, ce qui auroit pu se faire par la neutralisation de l'acide.

Après un quart d'heure, l'appétence pour les alimens n'avoit point diminué, mais un petit pincement d'estomac qui n'est point désagréable, lorsque la faim n'est pas extrême, avoit cessé. Deux gorgées d'eau chargée de magnésie, ont été rendues très-amères et ne rougissant pas le papier bleu; ce qui prouve que l'acide qui existoit dans l'estomac, avant

3.

l'ingestion de cette substance, avoit été tout neutralisé.

IXe EXPÉRIENCE.

DANS tous les cas dont j'ai parlé jusqu'à présent, ainsi que dans plusieurs autres dont j'omets à dessein les détails, parce qu'ils sont tout semblables aux premiers, le suc gastrique s'est putréfié aussi promptement que la salive, soit qu'il eût été exposé seul à une chaleur tempérée, soit qu'il eût été avant mêlé à de la viande. J'ai maintenant à rendre compte d'une expérience dans laquelle j'ai observé tout le contraire, et de celles qu'il m'a fallu tenter pour reconnoître la cause de cette anomalie apparente.

Du suc gastrique très-acide, rendu le matin à jeun, s'est conservé pendant sept jours sous mon aisselle, sans contracter d'odeur, tandis que la salive qui y avoit été placée en même temps, en répandoit une infecte au bout de douze ou quinze heures.

Voulant alors essayer si ce suc qui avoit résisté à la putréfaction, auroit quelque action sur la viande, j'y ai mis deux petits morceaux de rouelle de veau cuite ; n'ayant songé à

essayer l'action de ce suc sur le papier bleu
que cinq heures après y avoir mis la viande,
je n'ai point trouvé qu'il en altérât la couleur.

Le tube ayant été conservé sous mon aisselle,
il ne s'en est dégagé aucune mauvaise odeur ;
au bout de sept ou huit jours, la chair paroissoit en grande partie dissoute ; la liqueur étoit
blanche, épaisse et homogène, sans odeur
fétide : cependant une goutte ou deux délayées
avec de la chaux vive, ont dégagé de l'am-
moniaque ; cet état a duré plusieurs mois, pendant lesquels ce tube a été conservé à la température de l'atmosphère. Une odeur nido-
reuse, approchant de celle de moisi, s'y est
développée de plus en plus, mais jamais elle
n'a pris le caractère de la putridité.

Il devenoit fort intéressant de découvrir par
quelle cause le suc gastrique ne s'étoit putréfié
ni dans son état de pureté, ni lorsqu'il avoit
été mêlé à de la viande.

Xᵉ EXPÉRIENCE.

DANS la vue de connoître si ce phénomène
étoit dû à l'acidité très-prononcée du suc gastrique, j'ai mis dans une certaine quantité de ce
suc, conservé depuis vingt-quatre heures sous

mon aisselle, et devenu fétide quoiqu'il fût sensiblement aigre quand il avoit été rendu, la moitié de son volume de vinaigre ordinaire, et je l'ai replacé sous mon aisselle.

Ce suc, avant cela, ne rougissoit pas le papier bleu, et le mélange, bien qu'il eût une forte odeur de vinaigre, n'avoit que très-peu d'action sur ce papier, en comparaison des acides de l'estomac.

J'ai mis en même temps dans un autre tube, n°. 2, de petits morceaux de chair maigre d'une rouelle de veau, avec un mélange de de deux tiers de salive et d'un tiers de vinaigre.

Dans un dernier tube, n°. 3, j'ai mis pour servir de comparaison, de la même viande avec de la salive pure.

Après vingt-quatre heures de séjour sous mon aisselle, le suc gastrique, déjà fétide quand j'y avois mis le vinaigre, avoit à peu près perdu son odeur putride : quoique celle du vinaigre y fût bien marquée, il ne rougissoit pas sensiblement le papier bleu. Après quarante-huit heures, le tube n'avoit plus que l'odeur du vinaigre, et, conservé durant plus d'un mois, il n'en a pas donné d'autre.

Le second tube, contenant de la viande de veau dans un mélange de salive et de vinaigre, n'a acquis non plus aucune mauvaise odeur; et ce tube, dans lequel la viande paroît s'être ramollie, sans se dissoudre entièrement, parce que la proportion du liquide n'étoit point assez grande, n'a pas pris d'autre odeur que l'odeur franche du vinaigre, depuis environ quatre mois que je le conserve à la température ordinaire, après l'avoir porté fort long-temps sous mon faisselle.

Quant au tube n°. 3, où se trouvoit de la salive avec de la même viande, il n'avoit, au bout de vingt-quatre heures, qu'une odeur putride peu prononcée; mais elle a été en augmentant, au point de devenir bientôt extrême.

Je fais remarquer que cette viande étoit très-peu disposée à se putréfier, parce qu'on trouvera peut-être dans cette disposition, la cause qui en a prolongé la conservation plus long-temps que je n'ai pu l'obtenir dans aucun autre cas.

Il me paroît donc que c'est à l'acidité bien prononcée du suc gastrique, qu'est due sa conversation; et au concours de cette acidité avec l'état peu animalisé de la viande employée dans ce dernier cas, qu'il faut attribuer la conservation du mélange de suc et de viande. En

effet, non-seulement du suc gastrique déjà putréfié a été promptement rétabli par l'addition
de vinaigre, mais encore, de la viande ne s'est
point putréfiée dans la salive, lorsqu'on y a
mis du vinaigre, tandis que la putréfaction
s'est développée avec force lorsqu'on n'y en a
pas ajouté.

Les réflexions que je viens de présenter
donnent l'explication du fait que j'ai observé
dans un autre cas dont voici les détails.

XIe EXPÉRIENCE.

AYANT encore conservé, sans altération, pendant une douzaine de jours, du suc gastrique
très-acide, j'ai voulu en profiter pour répéter les
expériences précédentes. J'ai mis de la viande
dans un premier tube avec une certaine quantité de ce suc gastrique; dans un second, pour
comparaison, de la même viande avec un mélange de salive et de vinaigre; et dans un troisième, de cette viande avec de la salive pure.

Mais, soit que le suc ne fût point assez acide
pour préserver la viande de la putréfaction, et
que je n'eusse pas ajouté assez de vinaigre à
la salive du second tube; soit encore qu'ayant
employé cette fois de la chair de veau crue,

cette chair se trouvât dans des conditions plus favorables à la décomposition putride que celle de l'expérience précédente, qui étoit cuite, les trois tubes se sont putréfiés avec une promptitude à peu près égale.

L'occasion ne s'est d'ailleurs pas offerte à moi de renouveler cette tentative, de laquelle il ne me semble pas que l'on doive attendre de grands éclaircissemens.

Ce qui s'est passé dans l'expérience qui précède celle-ci, ne peut en aucune manière être pris pour ce qu'on a appelé *digestion artificielle:* du moins, si c'est un phénomène semblable à celui-ci que l'on a désigné sous ce nom, l'identité est absolument fausse.

1°. Le suc gastrique n'a conservé la viande que lorsqu'il s'est trouvé dans un état d'acidité très - prononcé, et ceux qui ont parlé des digestions artificielles ont noté soigneusement que le suc qu'ils employoient n'étoit ni acide ni alcalin.

2°. La digestion s'opère dans l'estomac en peu d'heures, tandis qu'il faut des mois entiers pour que la dissolution dont il s'agit ait lieu, en sorte qu'on ne peut la considérer que comme une véritable macération.

Après les expériences dont je viens de donner

les détails, je dois ajouter qu'ayant plusieurs fois exposé à l'air, du suc gastrique concurremment avec de la salive, les deux liqueurs se sont toujours putréfiées à peu près simultanément et sans différence constante pour la priorité. J'ai toujours remarqué que plus l'une des deux liqueurs contenoit de flocons muqueux, plus l'altération en étoit prompte. Le plus souvent même ces flocons qui se rassembloient à la surface de la liqueur, commençoient par se couvrir de moisissure, et paroissoient communiquer leur altération à tout le reste.

Je dois dire encore que, quoique je n'aie pas d'analyse exacte et comparative de la salive et du suc gastrique, les deux liqueurs m'ont toujours paru entièrement identiques, à l'acidité près, qui n'est point, comme on l'a vu, un caractère constant du suc gastrique.

Ayant plusieurs fois soumis à l'ébullition, de la salive et du suc gastrique, les deux liqueurs se sont comportées de la même manière, c'est-à-dire qu'après quelques momens elles se troubloient, devenoient blanches, et exhaloient une odeur très-forte de blanc d'œuf et d'osmazone.

Il seroit sans doute très-satisfaisant de pouvoir maintenant déterminer quelle est la cause de cet état acide des matières introduites dans l'estomac, et comment il arrive que ces matières subissent si promptement une semblable altération ; en un mot de pouvoir dire quel est le mode d'action par lequel l'estomac agit sur les alimens pour les rendre acides.

Mais les faits qui ont pu me former une opinion à cet égard ne sont point de nature à rester sans réplique et à porter dans autrui la conviction que je puis avoir acquise : je paroîtrois donc n'offrir sur cet objet que des conjectures, et je les hasarderai d'autant moins volontiers, que j'ai lieu d'espérer voir ces difficultés éclaircies par les nouvelles expériences que j'ai commencé à faire.

En me restreignant donc aux conséquences rigoureuses des faits exposés, il me semble pouvoir conclure de tout ce qui précède :

1°. Que le suc gastrique, ou la liqueur que l'on trouve presque toujours plus ou moins abondamment dans l'estomac à jeun, n'est autre chose que de la salive ;

2°. Que l'on ne peut, en conséquence, regarder ce suc gastrique comme un dissolvant *sui generis*, dont les propriétés particulières le rendent propre à prévenir la putréfaction des matières animales, et moins encore à en

opérer une véritable digestion indépendamment de l'action de l'estomac ;

3°. Que l'acidité dont jouit fréquemment ce
suc est un état produit par les altérations que
la salive a éprouvées de la part de l'estomac,
altérations semblables à celles que subissent
les autres matières alimentaires ;

4°. Que le passage des matières alimentaires
à l'état acide est un résultat naturel de l'action
de l'estomac sur elles, et doit nécessairement,
pour l'intensité, dépendre de leur composition
chimique, qui facilite plus ou moins cette acidité, et des dispositions individuelles de l'estomac lui-même;

5°. Que la salive et le suc gastrique destinés
eux-mêmes à être digérés, ont pour usage principal de délayer ou liquéfier les alimens solides,
et sans doute de leur communiquer par le
mélange, un premier degré d'animalisation.

A ces conséquences, qui me paroissent rigou-
reusement déduites des faits observés, je crois
pouvoir ajouter, comme une simple probabi-
lité, et en attendant que de nouveaux faits
viennent le démontrer sans réplique, que l'action de l'estomac dans la digestion se réduit à
une absorption vitale et élective, dans laquelle

les vaisseaux absorbans, en vertu de leur sensibilité particulière, s'emparent de certaines
portions des alimens, en abandonnant les autres,
de la même façon que cela arrive dans tout le
conduit alimentaire où les molécules nutritives
sont continuellement saisies par les vaisseaux
au milieu des fèces pestinées à être expulsées.

Je devrois peut-être, en finissant ce Mémoire,
rendre compte des tentatives que j'ai faites
pour reconnoître l'acide qui se trouve si fréquemment dans le suc gastrique. Jusqu'ici mes
efforts ont été sans succès, et quoique M. The-
nard ait bien voulu m'aider en cela de ses
conseils, il ne m'a pas été possible d'isoler cet
acide de manière à le caractériser. Le suc gastrique le plus acide paroît en contenir une si
petite quantité, que je n'ai pas encore pu réus-
sir à le séparer des matières animales et des
sels avec lesquels il est mélangé. L'analogie
porte à croire que cet acide n'est autre chose
que l'acide acétique; cependant ce qui rend
nécessaire une preuve positive, c'est :

1°. Son action très-forte sur la gorge, quoiqu'il paroisse en si petite proportion dans le
mélange;

2°. Sa manière d'agir sur les dents, qu'il n'agace pas, mais qu'il rend raboteuses;

3°. Sa fixité, qui est telle que jamais le suc gastrique ne m'a paru avoir l'odeur aigre, à quelque degré que son acidité soit portée ; et qu'en évaporant ce suc à siccité, l'acide ne passe point dans le récipient.

Tels sont les motifs qui me porteront à saisir toutes les occasions de connoître la nature de cet acide : et j'ai lieu d'espérer qu'avec l'aide d'un chimiste distingué qui veut bien s'associer à moi pour les nouvelles recherches que je me propose de faire, je parviendrai à résoudre cette difficulté, et à rendre mon travail de plus en plus digne de la savante Société à laquelle j'ai osé le soumettre.

RAPPORT

DE

Mrs BERTHOLLET, CUVIER ET THÉNARD,

Commissaires de la première Classe de l'Institut de France, sur les expériences précédentes.

—

INSTITUT DE FRANCE.

CLASSE DES SCIENCES PHYSIQUES ET MATHÉMATIQUES.

Paris, le 2 novembre 1812.

Le Secrétaire perpétuel pour les sciences naturelles certifie que ce qui suit est extrait du procès-verbal de la séance du lundi 2 novembre 1812.

LA digestion est une fonction animale si inté-ressante, qu'elle a dû être l'objet des recherches et des spéculations de la plupart de ceux qui se sont occupés de l'économie animale. Mais, en négligeant toutes les opinions auxquelles elle a donné lieu, nous nous bornerons à rappeler les belles expériences de Reaumur et de Spallanzani, que l'on peut regarder comme la base des explications des physiologistes modernes.

Reaumur confirma, par ses expériences, que le gésier des animaux qui possèdent cet organe exerce une grande puissance de trituration; mais il reconnut que cette opération ne faisoit que préparer le procédé de la digestion, et il fit voir, dans son second Mémoire, que dans les animaux qui ont un estomac membraneux, les alimens même renfermés dans des tubes qui conservoient dans leur intérieur une communication avec les sucs de l'estomac, s'ils étoient appropriés à la nature de l'animal, subissoient les changemens qui constituent la digestion, pendant que s'ils étoient privés de cette communication, ils éprouvoient l'altération qu'ils subissent lorsqu'ils sont livrés à eux-mêmes : en sorte qu'il attribua au suc gastrique la puissance qui opère la digestion des alimens. Il fit des tentatives inutiles pour reconnoître les propriétés caractéristiques du suc gastrique isolé, et pour lui faire produire une digestion artificielle, en l'exposant, après l'avoir mêlé avec

des alimens à une température qui approchoit
de la chaleur de l'estomac.

Spallanzani est, depuis Reaumur, le physi-
cien qui a fait les expériences les plus nombreuses sur la digestion dans les différens animaux et dans les différentes circonstances ; il a
répété et varié les expériences de Reaumur, et
il en a ajouté un grand nombre qui lui appar-
tiennent. Le résultat de ses recherches est que
la digestion des alimens préparée dans quelques
animaux par la mastication ou par l'action mé-
canique des muscles d'un premier estomac , est due à l'action dissolvante d'un suc gastrique. Il regarde donc le suc gastrique comme
doué d'une force dissolvante qu'il doit à sa
nature, mais qui varie dans les différentes espèces d'animaux , de manière qu'elle ne peut
s'exercer que sur la chair dans les animaux
purement carnivores ; il regarde de plus le
suc gastrique comme antiseptique , au point
de corriger la putréfaction même des chairs
corrompues. Selon lui, le suc gastrique conserve une partie de ses propriétés, lors même
qu'il est extrait de l'estomac ; de sorte qu'il
peut, à l'aide d'une chaleur suffisante , produire des digestions artificielles, et l'œsophage
donne lui-même un suc qui participe aux pro-

priétés du suc gastrique ; de là on a tenté l'usage médicinal du suc gastrique.

Parmi ceux qui se sont occupés du suc gastrique, il faut distinguer M. Gosse, qui s'en procuroit par un vomissement, au moyen de l'air qu'il faisoit passer dans son estomac ; mais il paroît qu'il a eu principalement pour but de comparer la digestibilité des différens alimens ; les efforts qui accompagnoient son vomissement artificiel, pouvoient faire craindre qu'ils n'apportassent du trouble dans l'opération naturelle, et ils l'ont peut-être empêché de poursuivre ses observations que l'on ne connoît que par le récit de Sennebier. M. de Montegre a profité d'une disposition naturelle à rejeter sans effort ce qui est contenu dans son estomac, pour examiner les propriétés du suc gastrique et les circonstances de la digestion.

Dans le premier Mémoire dont nous allons rendre compte, MM. Cuvier, Thénard et moi, M. Montegre expose d'abord la marche qu'il suit dans ses expériences qu'il continue avec zèle.

Il cherche, 1°. à déterminer la nature du suc gastrique ; 2°. l'action que le suc peut exercer dans la digestion ; 3°. quell est l'altération apparente que subissent les alimens dans la digestion. Il ne considère donc la digestion qu'autant qu'elle s'opère dans l'estomac, et il se borne à des vues générales sur l'effet qui est produit par la mastication et par l'action intestinale.

Après s'être procuré du suc gastrique extrait de son estomac à plusieurs reprises, il l'a comparé à sa salive ; il a observé que quelquefois il ne donnoit aucun indice d'acidité, mais que le plus ordinairement il en donnoit de plus ou moins forts : pour le comparer à la salive, il a mis des quantités égales de l'une et de l'autre substance dans des fioles qu'il a tenues sous ses aisselles, au-dessous d'un gilet de laine, et par conséquent, à une température qui approchoit beaucoup de celle de l'estomac vivant.

Il a mêlé dans d'autres expériences différens alimens imprégnés de salive, soit avec le suc gastrique, soit avec la salive, soit avec l'eau pure qui servoit de terme de comparaison ; il examinoit le contenu des fioles ordinairement après douze heures, et quelquefois à d'autres distances de temps, selon que l'exigeoit le but qu'il se proposoit.

Il suit de ses observations faites avec beau-

coup de soin, et répétées autant qu'il a été nécessaire pour en assurer les résultats:

1°. Que le suc gastrique, lorsqu'il n'est pas
acide, se putréfie exactement comme la salive;

2°. Qu'il n'exerce une action antiseptique
sur les alimens, que lorsqu'il est acide; mais
que la salive qui a acquis uue acidité égale par
le moyen de l'acide acétique, produit des
effets parfaitement semblables.

Pour reconnoître si l'acidité étoit une condi-
tion essentielle à la digestion, M. de Montegre
a pris, avant de mauger, une dose de magnésie
pure, plus grande qu'il ne falloit pour saturer
tout l'acide qui pouvoit se trouver dans l'estomac. Les alimens, rendus peu après, n'ont
donné aucun indice d'acidité, cependant ils
commençoient à être digérés: ceux que M. de
Montegre a rendus plus tard étoient beaucoup
plus digérés, et ils étoient sensiblement acides.
Il s'est convaincu qu'en roulant même dans la
magnésie la viande qu'il mangeoit, elle finissoit,
après un temps suffisant, par donner des indices
d'acidité.

M. de Montegre tire, de ses observations,
des conséquences qui paroissent en dériver
immédiatement. Le suc gastrique ne paroît pas
différer de la salive, et on ne peut le regarder

comme un dissolvant propre à prévenir la putréfaction des matières animales, et à opérer leur digestion indépendamment de l'action de l'estomac : l'acidité dont il jouit ordinairement, de même que celle que subissent les alimens, ne doit être attribuée qu'à l'action de l'estomac.

Forcé, par ses observations, à renoncer aux propriétés particulières du suc gastrique, M. de Montegre se borne à quelques conjectures, qu'il propose avec beaucoup de circonspection : il soupçonne que l'action de l'estomac, dans la digestion, se réduit à une absorption vitale et élective, dans laquelle, en vertu de leur sensibilité particulière, les vaisseaux absorbans s'emparent de certaines portions des alimens, de la même manière que cela arrive dans tout le conduit alimentaire.

Cette explication ne nous paroît pas suffisante :

1°. L'absorption de sucs appropriés à l'action des vaisseaux, suppose la formation de ces sucs et les changemens chimiques qui l'accompagnent. Ces changemens ne peuvent point être l'effet d'une simple séparation, produite par une absorption élective.

2°. Les expériences de Reaumur et de Spallanzani prouvent incontestablement que les alimens propres à un animal peuvent éprouver une digestion complette, quoique plus lente, lorsqu'ils sont renfermés dans un tube, pourvu que l'intérieur de ce tube conserve quelque communication avec l'estomac. Or, dans ce cas, les changemens que les alimens éprouvent ne peuvent être dus à l'action absorbante des vaisseaux de l'estomac; il faut donc chercher ailleurs que dans la nature du suc gastrique, et dans l'action soit des muscles, soit des vaisseaux absorbans de l'estomac, la cause encore inconnue de la digestion. On peut seulement remarquer une analogie entre la digestion, qui, du moins, dans l'homme est toujours accompagnée du développement d'acidité, et les sécrétions qui, d'après les expériences de Wollaston et de Berzélius, peuvent toutes se diviser en sécrétions acides et en sécrétions alcalines.

Quoi qu'il en soit, les observations de M. de Montegre ont le mérite de dissiper les fausses notions que nous avoient données, sur le suc gastrique, des expériences faites par des hommes dont le nom est le plus imposant. On doit attendre de nouvelles lumières, sur un objet si important, de la sagacité et du zèle avec lesquels il applique un don naturel; nous l'invitons à poursuivre ses recherches, et nous pensons que ce premier Mémoire mérite d'être imprimé dans le recueil des savans étrangers.

Signé CUVIER, THÉNARD;
BERTHOLLET, *rapporteur.*

La Classe approuve le rapport, et en adopte les conclusions.

Certifié conforme à l'original : le Secrétaire perpétuel , *Signé* G. CUVIER.

Nota. *Le Mémoire qui fait suite à celui-ci doit être incessamment mis au jour; les expériences, d'après lesquelles il est rédigé, ont été faites dans le temps où le rapport que l'on vient de lire fut présenté à l'Institut. Les mêmes motifs avoient fait suspendre l'impression du premier Mémoire, et la communication du second.*

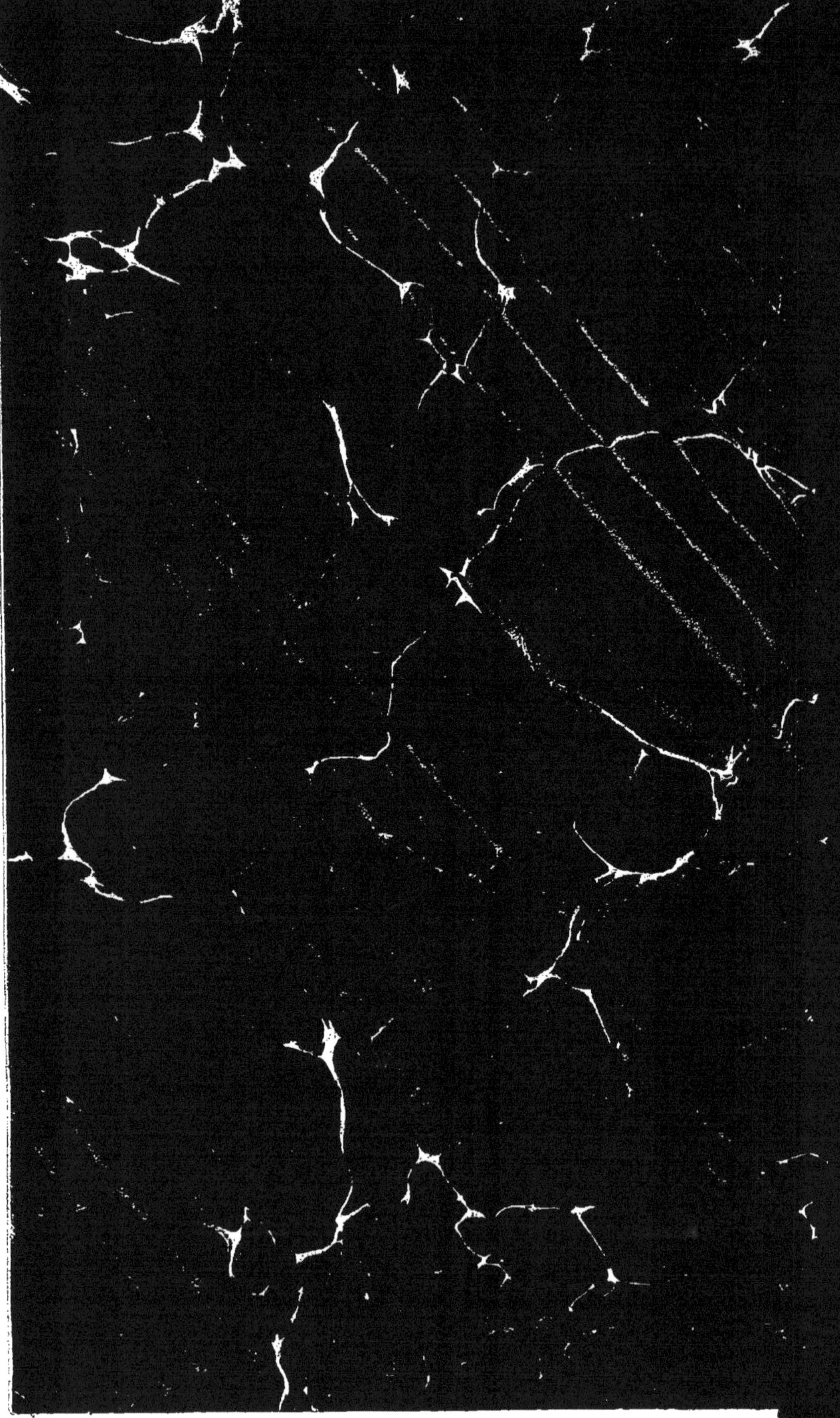

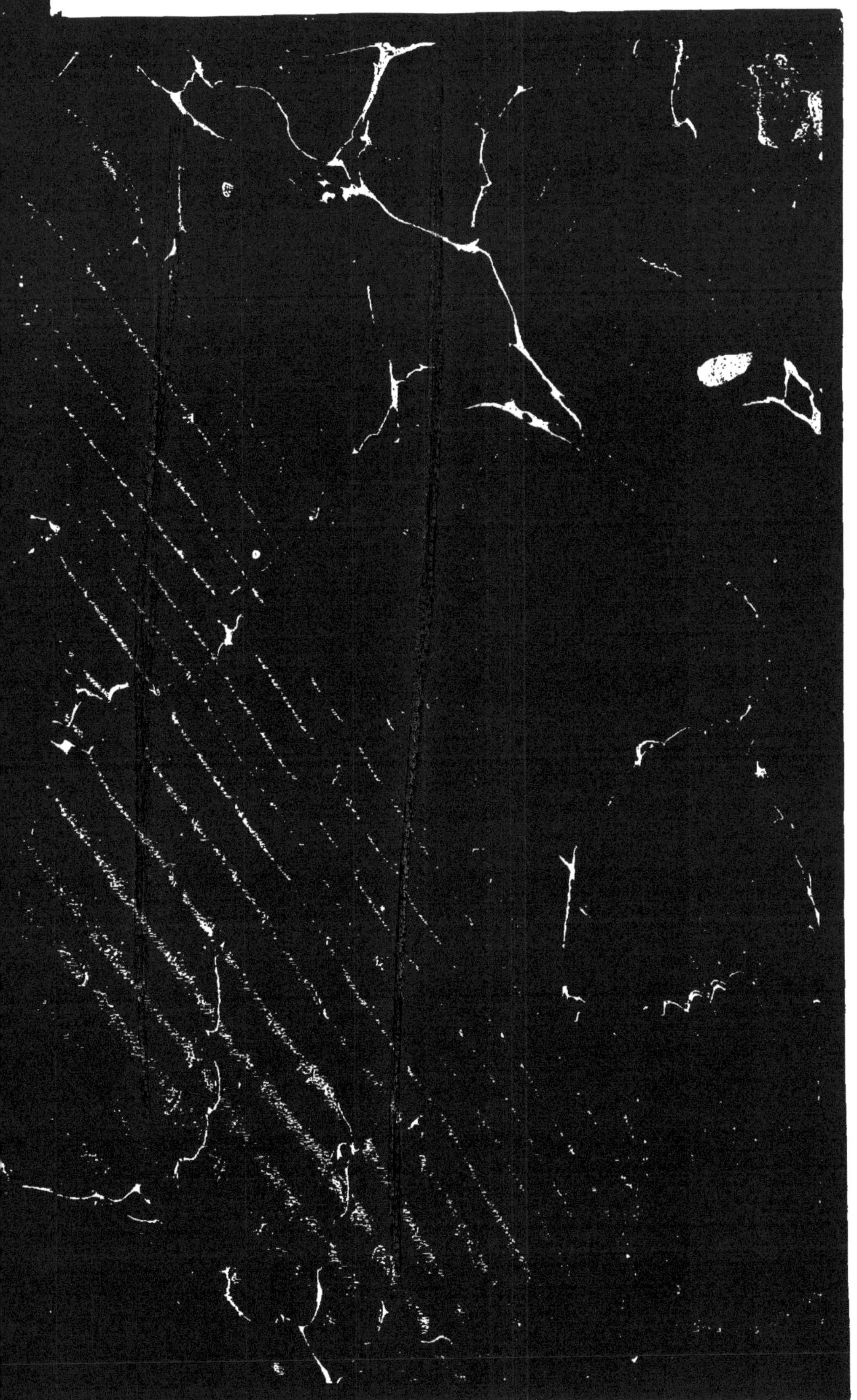